# 目　　次

JN035263

## このノートを使用するにあたって

1　このノートは**2色刷り**で，水色の部分の線や文字は，原則として，トレースするためのものである。

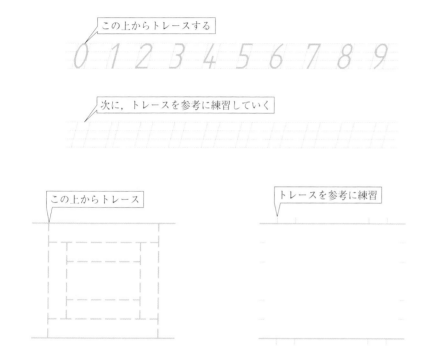

2　このノートでは，**製図をする上で大切**と思われる事項については，ポイントとして記載してある。なお，所定の**ポイント**をよく読んでから描くこと。

3　**基礎編**では，製図の基礎となる線と文字の練習，および製図をするためのいろいろな約束ごとが中心となっている。

4　**応用編**では，土木製図の実際的な構造物を製図するための**概念図を立体的**に示し，平面的な図との関連が一目でわかるように配慮してある。構造物を理解して製図することが，製図を**より速く，より正確に，**

より美しく描くために重要である。

5　よい製図とは？

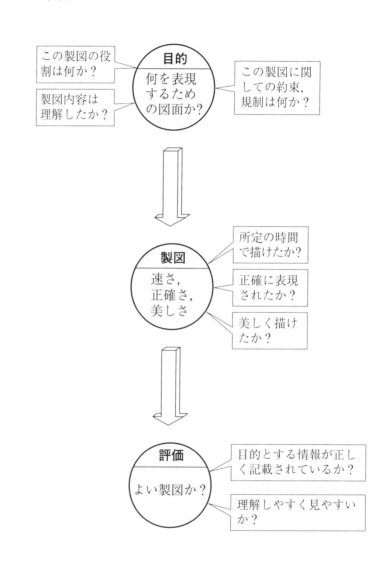

# 直 線 の 練 習 教 p.17

（　年　月　日）年　組　番　名前　　　　　　　　検印

輪郭線，外形線
太い実線

寸法線，引出線
細い実線

か く れ 線
太い破線
外形線より細く

か く れ 線
細い破線

中心線，ピッチ線
細い一点長鎖線

想像線，重心線
細い二点長鎖線

# 直線と斜線の練習 教 p.17

（　年　月　日）　年　組　番　名前　　　　　検印

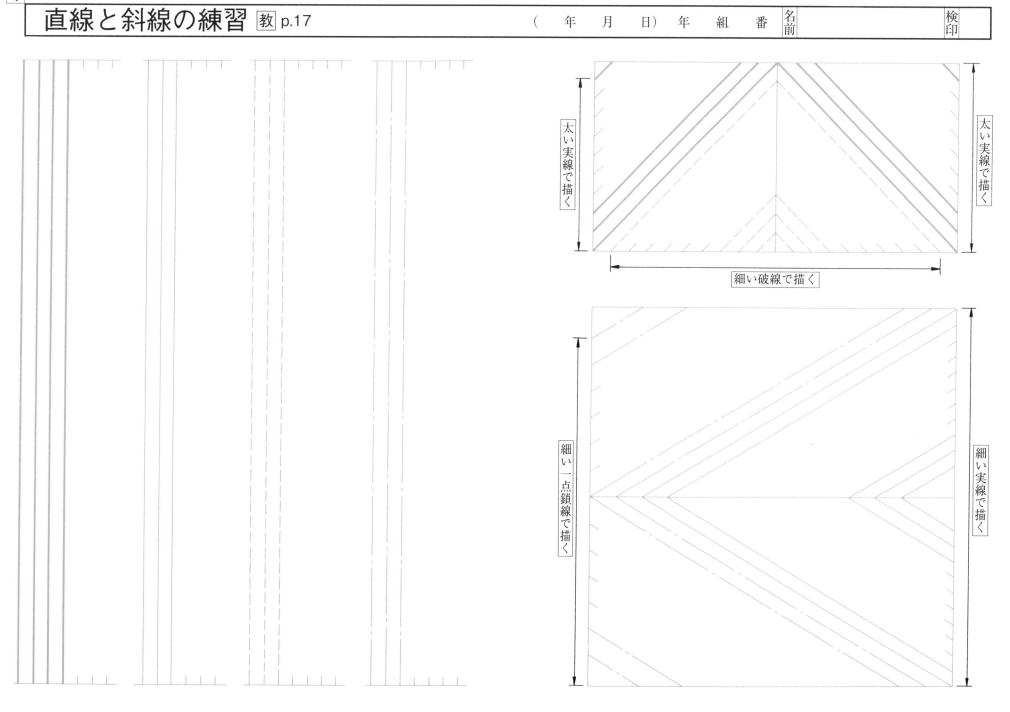

太い実線で描く　太い実線で描く　細い破線で描く　細い一点鎖線で描く　細い実線で描く

# 直線のつなぎ方の練習 教 p.17

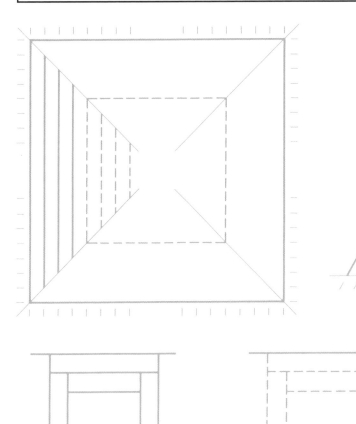

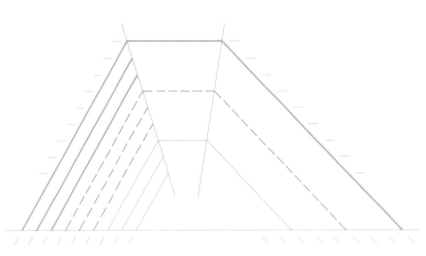

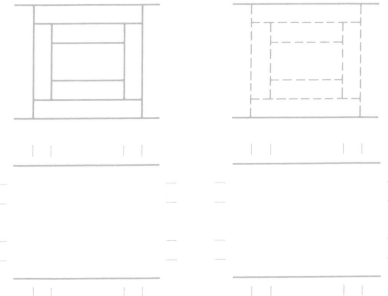

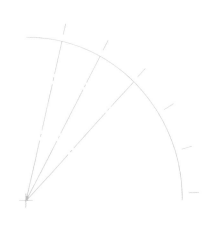

| ポ　イ　ン　ト | | |
|---|---|---|
| | よ　い | 悪　い |
| 破線と破線の接続 | | |
| 破線と実線の接続 | | |
| 間隔の狭い平行な破線 | | |

# 円 弧 の 練 習 教 p.17

（　年　月　日）年　組　番　名前　　　　検印

 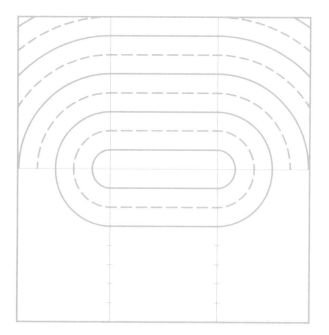 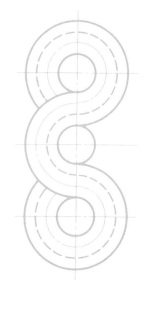

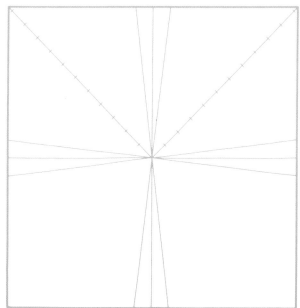  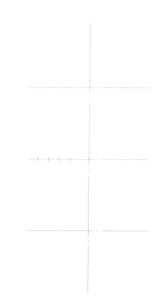

上の図形と同じように描く　　上の図形と同じように描く　　上の図形と同じように描く

**ポイント**

1. 円と直線の結びに注意。
2. コンパスで破線を描くとき、最後までていねいに。
3. 小さい円はスプリングコンパスを使用。

# 円と直線の接続の練習 教 p.17

直線AB，DCの延長
線上の交点をE

点Eより半径 $r$ の円を描き，
AB，CD延長線との交点
をT，T′

点T，T′を中心に半径 $r$ の
円を描き，その交点をO

点Oを中心に半径 $r$
の円弧 TT′ を描き，
直線TA，DT′ と接続

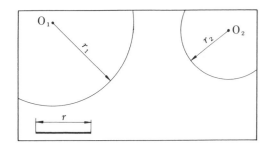

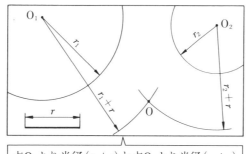

点O₁より半径$(r_1+r)$と点O₂より半径$(r_2+r)$
の円の交点をO

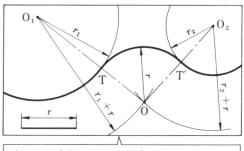

点Oより半径$r$の円を描き，円O₁, O₂とを
つなぐ点T, T′

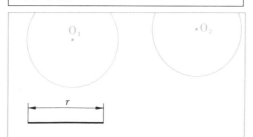

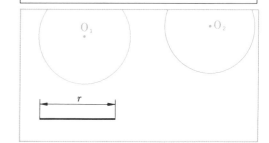

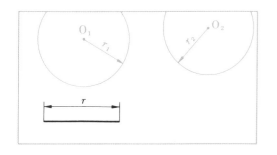

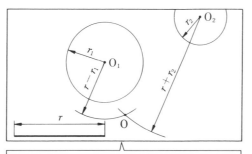

点O₁より半径$(r-r_1)$，点O₂より半径$(r+r_2)$
の円の交点をO

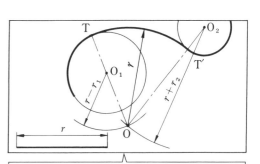

点Oより半径$r$の円を描き，円O₁, O₂とを
つなぐ点T, T′

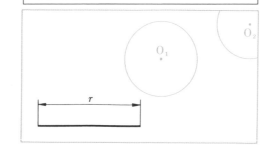

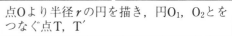

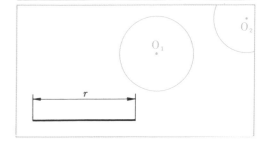

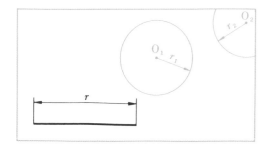

# 数字（10mm，7mm）の練習 教 p.21

（　年　月　日）　年　組　番　名前　　　検印

10mm

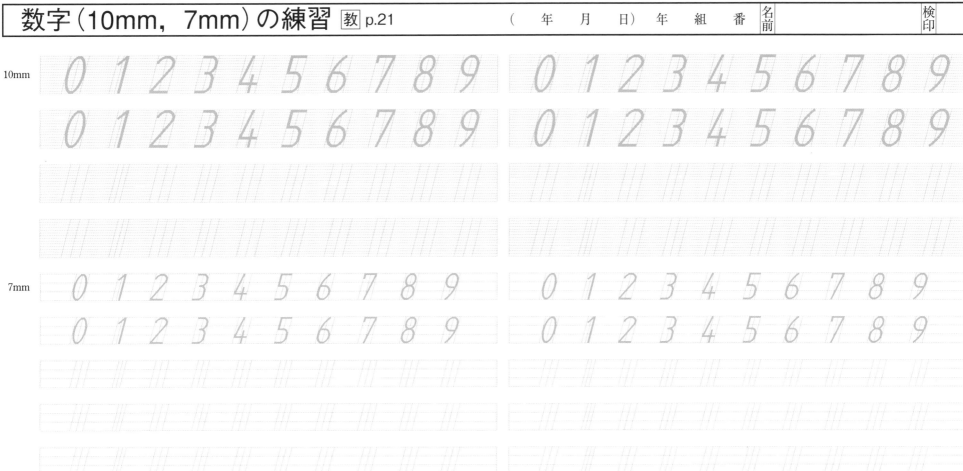

7mm

**ポイント**　1.　筆順と始点・接点・終点のだいたいの位置を理解する。
　　　　　　2.　ここよりしばらくの間フリーハンドの図面がつづくが一字一字，見本を参考にして描く。

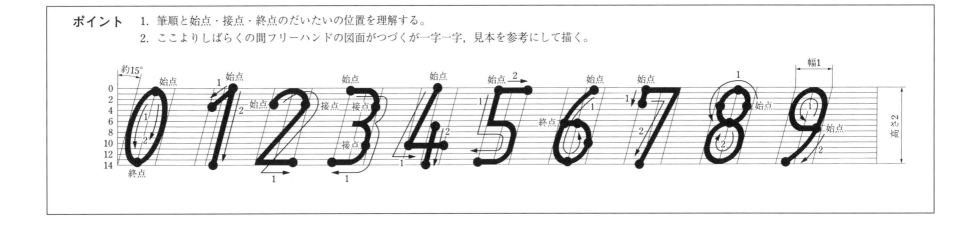

# 数字（5mm）の練習 教 p.21

0 1 2 3 4 5 6 7 8 9 　 0 1 2 3 4 5 6 7 8 9 　 0 1 2 3 4 5 6 7 8 9

0 1 2 3 4 5 6 7 8 9 　 0 1 2 3 4 5 6 7 8 9 　 0 1 2 3 4 5 6 7 8 9

# 数字（3.5mm）の練習 教 p.21

0 1 2 3 4 5 6 7 8 9　0 1 2 3 4 5 6 7 8 9　0 1 2 3 4 5 6 7 8 9

0 1 2 3 4 5 6 7 8 9　0 1 2 3 4 5 6 7 8 9　0 1 2 3 4 5 6 7 8 9

0 1 2 3 4 5 6 7 8 9　0 1 2 3 4 5 6 7 8 9　0 1 2 3 4 5 6 7 8 9

0 1 2 3 4 5 6 7 8 9　0 1 2 3 4 5 6 7 8 9　0 1 2 3 4 5 6 7 8 9

# 数字（3.5mm）の練習 教 p.21

0 1 2 3 4 5 6 7 8 9　　　　0 1 2 3 4 5 6 7 8 9　　　　0 1 2 3 4 5 6 7 8 9

0 1 2 3 4 5 6 7 8 9　　　　0 1 2 3 4 5 6 7 8 9　　　　0 1 2 3 4 5 6 7 8 9

0 1 2 3 4 5 6 7 8 9　　　　0 1 2 3 4 5 6 7 8 9　　　　0 1 2 3 4 5 6 7 8 9

0 1 2 3 4 5 6 7 8 9　　　　0 1 2 3 4 5 6 7 8 9　　　　0 1 2 3 4 5 6 7 8 9

# 英字（10mm，7mm）の練習 教 p.21 （　年　月　日）年　組　番　名前　検印

10mm

A B C D E F G H I J K L M N O P Q R S T U V W X Y Z

7mm

A B C D E F G H I J K L M N O P Q R S T U V W X Y Z

10mm

a b c d e f g h i j k l m n o p q r s t u v w x y z

7mm

a b c d e f g h i j k l m n o p q r s t u v w x y z

# 英字（5mm，3.5mm）の練習（大文字） 教 p.21 （　年　月　日）　年　組　番　名前　　　　検印

5mm

A B C D E F G H I J K L M N O P Q R S T U V W X Y Z

A B C D E F G H I J K L M N O P Q R S T U V W X Y Z

3.5mm

A B C D E F G H I J K L M N O P Q R S T U V W X Y Z

A B C D E F G H I J K L M N O P Q R S T U V W X Y Z

# 英字（5mm，3.5mm）の練習（小文字） 教 p.21 （ 年 月 日） 年 組 番 名前 検印

5mm　　a b c d e f g h i j k l m n o p q r s t u v w x y z

a b c d e f g h i j k l m n o p q r s t u v w x y z

3.5mm　　a b c d e f g h i j k l m n o p q r s t u v w x y z

a b c d e f g h i j k l m n o p q r s t u v w x y z

# 漢字（10mm）の練習 教 p.21

平面図立面図側面図断面図尺度図名番号詳細図

支間有効幅員支承床版橋脚舗装地覆高欄排水管

横構対傾構腹板水平補剛材溶接添接継手橋門構

鉄筋加工図等高線道路盛土切土路線測量計画高

平 面 図 立 面 図 側 面 図 断 面 図 尺 度 図 名 番 号 詳 細 図

支 間 有 効 幅 員 支 承 床 版 橋 脚 舗 装 地 覆 高 欄 排 水 管

横 構 対 傾 構 腹 板 水 平 補 剛 材 溶 接 添 接 継 手 橋 門 構

鉄 筋 加 工 図 等 高 線 道 路 盛 土 切 土 路 線 測 量 計 画 高

# 漢字（5mm）の練習 教 p.21

路盤厚施工基面鋼矢板形鋼寸法記号径本数単位重量摘要配置図垂直補剛材設計荷重

座金腹板径間車道幅員高欄放物線定着用鉄筋異形鉄筋固定端一等橋現場工場満水位

単距離追加距離地盤高計画高切土高盛土高掘削石積工橋長支間固定可動排水管設計

型式全幅員有効幅員活荷重雪荷重舗装床版材質非合成製作時架設時完成時形状橋脚

添設等間隔示方書伸縮継手橋脚対傾構反力横構支承建築限界弦材斜材端柱最大寸法

# カタカナ（10mm，5mm）の練習 教 p.21　　（　年　月　日）年　組　番　名前　検印

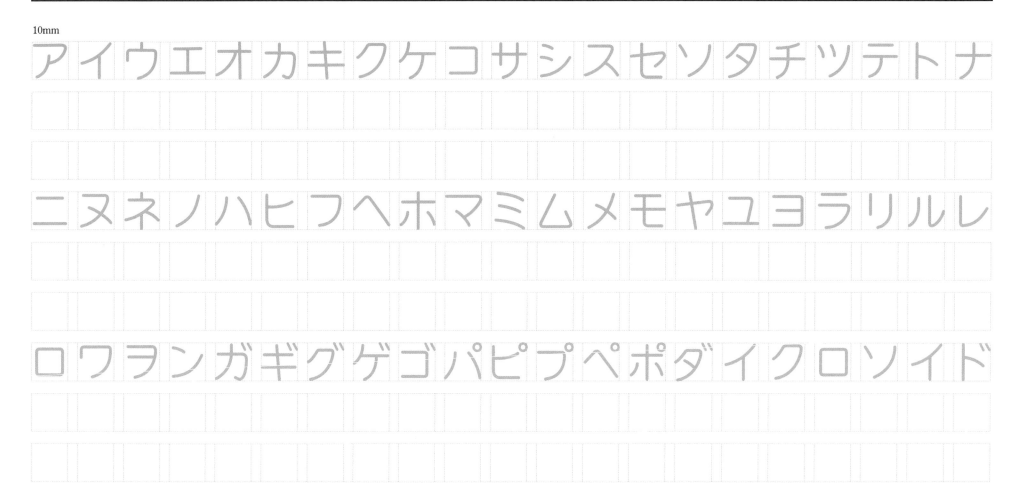

10mm

アイウエオカキクケコサシスセソタチツテトナ

ニヌネノハヒフヘホマミムメモヤユヨラリルレ

ロワヲンガギグゲゴパピプペポダイクロソイド

5mm

アイウエオカキクケコサシスセソタチツテトナニヌネノハヒフヘホマミムメモヤユヨラリルレ

ロワヲンガギグゲゴパピプペポコンクリートボルトフランジウエブスターラップキソフクバン

# ひらがな（10mm，5mm）の練習 教 p.21　　　（　年　月　日）年　組　番　名前　　　検印

10mm

あいうえおかきくけこさしすせそたちつてとな

にぬねのはひふへほまみむめもやゆよらりるれ

ろわをんがぎぐげごぱぴぷぺぽもりどこうばい

5mm

あいうえおかきくけこさしすせそたちつてとなにぬねのはひふへほまみむめもやゆよらりるれ

ろわをんがぎぐげごぱぴぷぺぽただしまたはあんぜんにてっきんはいきんけたばしらようへき

# 記号（5mm）の練習 教 p.21

（　年　月　日）年　組　番　名前　　　検印

1：300，　T.L.＝40.123，　1：1.5，　10％，　5‰，　600

B.C.＝No.10＋1.368，　D.L.＝30，　C.L.＝38.937，　G.H＝9.238

1-L　100×100×13-1020　　　12-φ22-6740

2-PL　375×9-1440　　　　　10-D13-960

3-I　250×125×10-970　　　D32-4450

2-[　200×70×7-1796　　　Ⓑφ32-6700

1-H　890×299×15×23-1300　　4×75＝300

10×103-1030　　　　　　1-PL　300×9-5

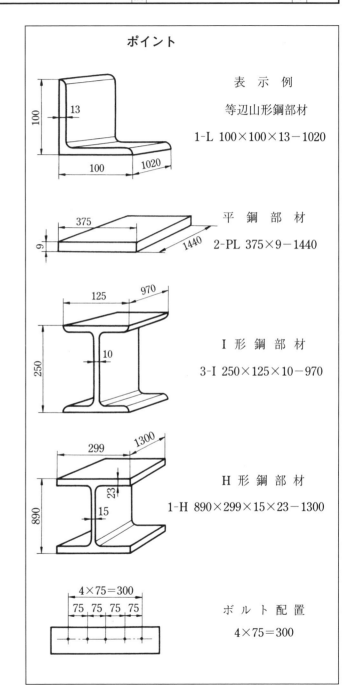

**ポイント**

表 示 例

等辺山形鋼部材

1-L　100×100×13-1020

平 鋼 部 材

2-PL　375×9-1440

I 形 鋼 部 材

3-I　250×125×10-970

H 形 鋼 部 材

1-H　890×299×15×23-1300

ボ ル ト 配 置

4×75＝300

# 寸法線の練習（1） 教 p.37

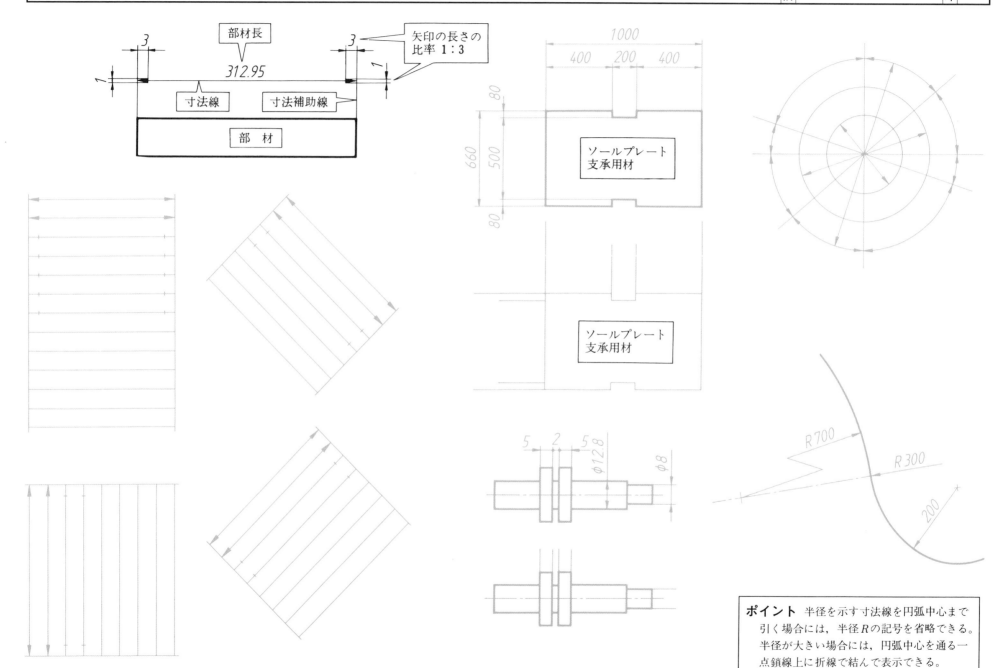

部材長

312.95

寸法線　　寸法補助線

部　材

矢印の長さの
比率 1：3

1000
400　200　400

80
660　500
80

ソールプレート
支承用材

ソールプレート
支承用材

5　2　5
φ12.8
φ8

R700
R300
200

**ポイント** 半径を示す寸法線を円弧中心まで
引く場合には，半径Rの記号を省略できる。
半径が大きい場合には，円弧中心を通る一
点鎖線上に折線で結んで表示できる。

# 寸法線の練習(2) 教 p.117, p.110, p.130 　　( 　年　月　日)　年　組　番 名前 　検印

〔溶接記号の表示〕

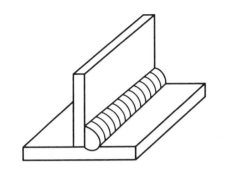

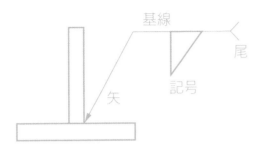

基線

尾

矢

記号

連続
すみ肉
溶接

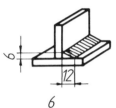

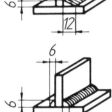

X 形
グルーブ
溶接

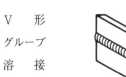

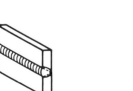

V 形
グルーブ
溶接

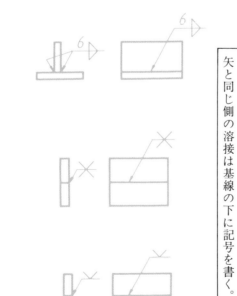

矢と同じ側の溶接は基線の下に記号を書く。

〔形鋼断面の寸法〕

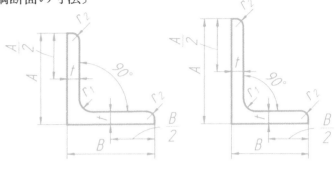

等辺山形鋼　　　　　不等辺山形鋼

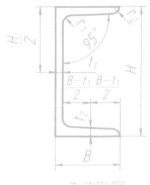

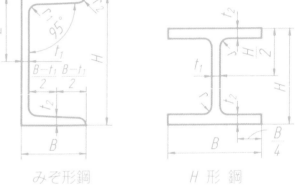

みぞ形鋼　　　　　H 形 鋼

〔鉄筋の材料寸法〕

(・; ガス圧接継手記号)

# 構造物と寸法線の練習 教 p.37

( 　年　　月　　日）　年　　組　　番　名前　　　　　検印

## U₂形側溝工

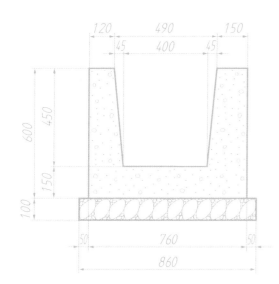

## ふた付U₂形側溝工

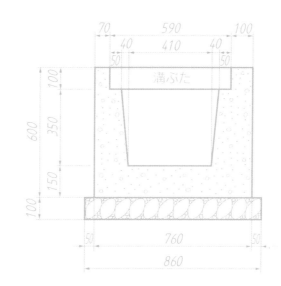

## 溝ふた工

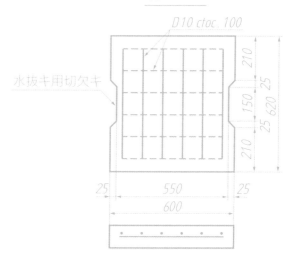

## L₁形側溝工

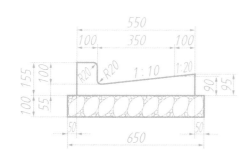

## 素掘側溝工・くわ留め工

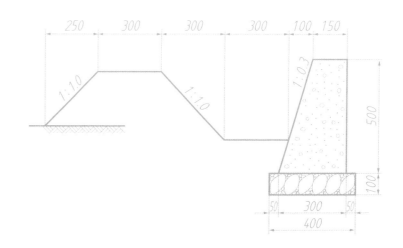

# 第一角法による製図の表し方の練習 教 p.55 （ 年 月 日） 年 組 番 名前 検印

③ X－Y面へ投影

⑤ Y－Z面を開く

Z

Z－X面

Y－Z面

O

④ OY軸切開

X

X－Y面

② Y－Z面へ投影

Y

⑥ X－Y面を開く

① Z－X面へ投影

⑦ 第1角投影図

Z－X面

Y－Z面

X

X－Y面

O

Y

Y

**ポイント**

構造物を*XYZ*を基軸とする第1角に置き，次の手順で構造物の図面を描く

① Z－X面へ投影して見える部分を実線で，かくれた線を破線で描く　　　⑤ Y－Z面を90°開く

② Y－Z面へ投影して見える部分を実線で，かくれた線を破線で描く　　　⑥ X－Y面を90°開く

③ X－Y面へ投影して見える部分を実線で，かくれた線を破線で描く　　　⑦ 第一角投影図

④ OY軸に沿って切開く

# 第三角法による製図の表し方の練習 教 p.56 （　年　月　日）年　組　番 名前 検印

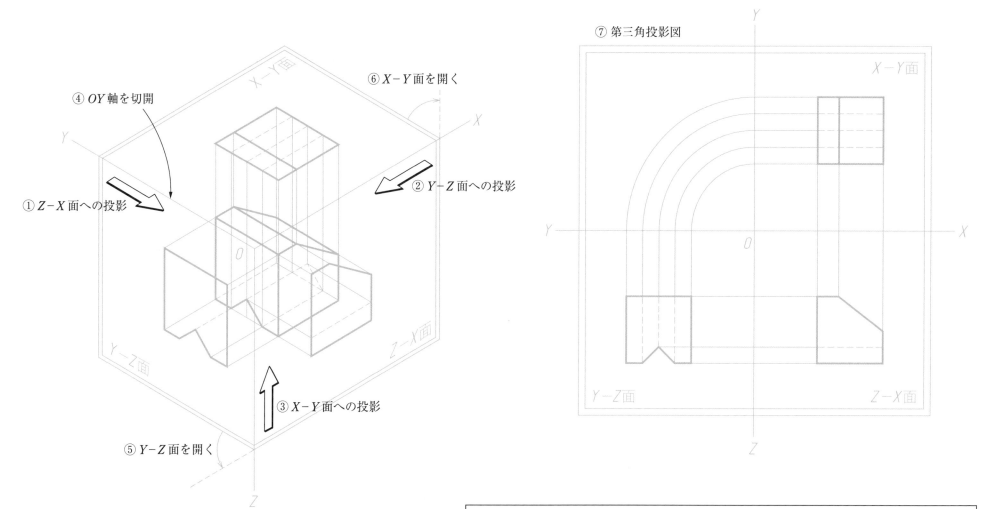

④ OY軸を切開

⑥ X−Y面を開く

X−Y面

② Y−Z面への投影

① Z−X面への投影

③ X−Y面への投影

⑤ Y−Z面を開く

⑦ 第三角投影図

X−Y面

Y−Z面

Z−X面

## ポイント

対象物を，XYZ を基軸とする第三角に置き，次の手順で対象物の図面を描く

①Z−X面へ投影して見える部分を実線で，かくれた線を破線で描く　　　　　⑤Y−Z面を90°開く

②Y−Z面へ投影して見える部分を実線で，かくれた線を破線で描く　　　　　⑥X−Y面を90°開く

③X−Y面へ投影して見える部分を実線で，かくれた線を破線で描く　　　　　⑦第三角投影図

④OY軸に沿って切開く

# 投　影　図　[教] p.60

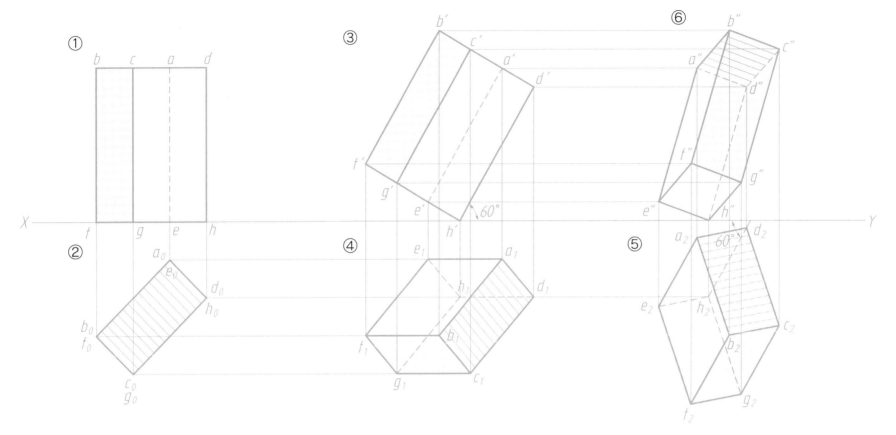

① ② ③ ④ ⑤ ⑥

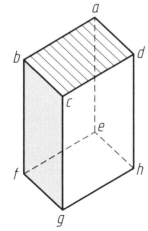

**ポイント**

1. 点 h ⇒ $h_0$ ⇒ h′ ⇒ $h_1$ ⇒ $h_2$ ⇒ h″ の移動に注意
2. 稜 dh ⇒ d′h′ ⇒ $d_1h_1$ ⇒（デバイダーで $h_1d_1 = h_2d_2$ として $d_2$ 点を定める。）$d_2h_2$
   ⇒ d″h″ の移動に注意
3. 製図手順 ① → ② → ③ → ④ → ⑤ → ⑥

| 図番号 | 図27 | | |
|---|---|---|---|
| 図　名 | 投　影　図 | | |
| 尺　度 | | | |
| 検　印 | 令和　年　月　日 | | |
| | 科　年　組 | | |

透　視　図　教 p.61　　　　　　　　（　年　月　日）　年　組　番　名前　　　　　　　　　　検印

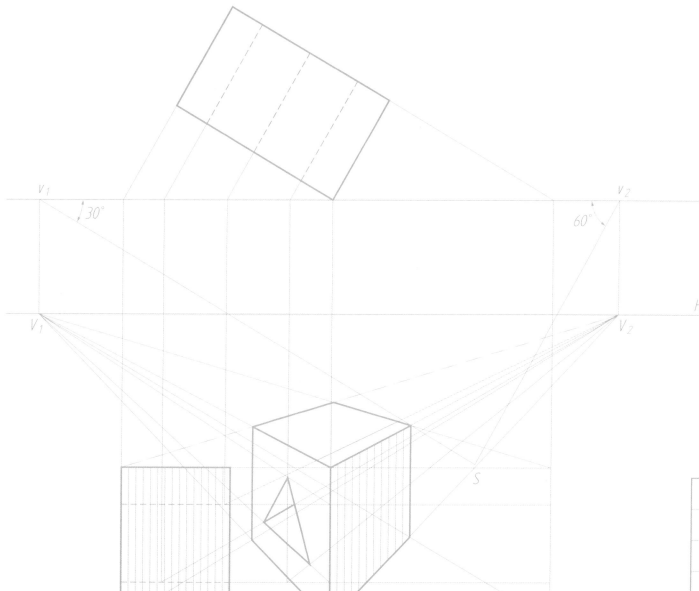

P.P.

V₁　30°　　　　　　　　　　　　　　　　　　　　V₂　60°

H.L.

V₁　　　　　　　　　　　　　　　　　　　　　　V₂

S

G.L.

**ポイント**

1. S：停点
　（視点の基面へ
　の投影）
　三角形 Sv₁v₂
　は 30°, 60°, 90°
　または
　45°, 45°, 90°
2. G.L.：基　線
　P.P.：画　面
　H.L.：水平線
　V₁, V₂：消　点

| 図番号 | 図 28 |
|---|---|
| 図　名 | 透　視　図 |
| 尺　度 | |
| 検　印 | 令和　年　月　日 |
| | 科　年　組 |

# RC単純床版橋断面図 教 p.137

## 断　面　図

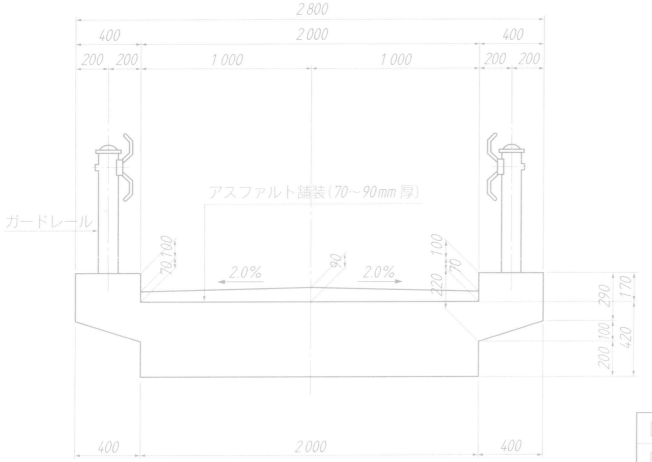

| 図番号 | 図29 |
|---|---|
| 図　名 | RC単純床版橋断面図 |
| 尺　度 | |
| 検　印 | 令和　年　月　日 |
| | 科　年　組 |

# 鉄道土工定規図（新幹線）教 p.74

直線の場合
新幹線

盛土土工定規

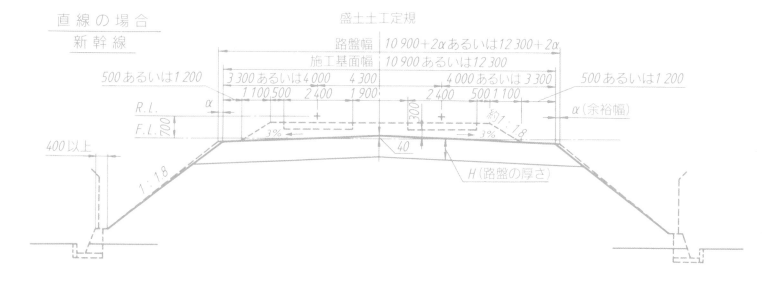

路盤幅　10 900＋2α あるいは12 300＋2α
施工基面幅　10 900 あるいは12 300
500 あるいは1 200　3 300 あるいは4 000　4 300　4 000 あるいは3 300　500 あるいは1 200
1 100 500　2 400　1 900　2 400　500 1 100
R.L.　α
F.L. 700
α（余裕幅）
約1：18
400以上
1：18
3%　300　3%
40
H（路盤の厚さ）

切土土工定規

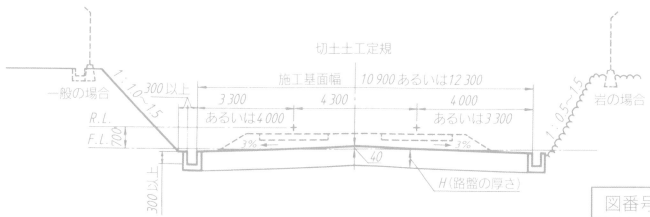

施工基面幅　10 900 あるいは12 300
3 300　4 300　4 000
あるいは4 000　あるいは3 300
1：10～15
一般の場合　300以上
R.L.
F.L. 700
300以上
3%　3%
40
H（路盤の厚さ）
1：0.5～15
岩の場合

| 図番号 | 図 30 |
| --- | --- |
| 図　名 | 鉄道土工定規図 |
| 尺　度 | |
| 検　印 | 令和　年　月　日 |
| | 科　年　組 |

# 地図記号 （公共測量標準図式 1：500〜1：5000） 教 p.88 （　　年　　月　　日）　年　　組　　番　名前　　　　　検印

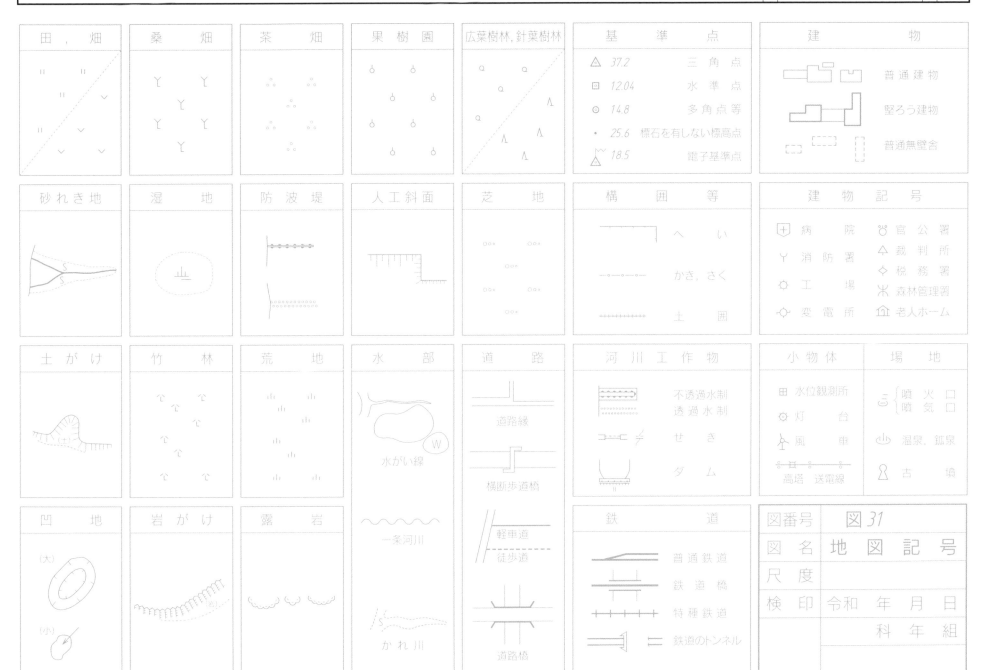

| 田，畑 | 桑 畑 | 茶 畑 | 果 樹 園 | 広葉樹林,針葉樹林 | 基 準 点 | 建 物 |
|---|---|---|---|---|---|---|

基 準 点
△ 37.2　　三 角 点
⊡ 12.04　　水 準 点
⊙ 14.8　　多 角 点 等
・ 25.6　標石を有しない標高点
18.5　　電 子 基 準 点

建 物
普 通 建 物
堅ろう建物
普通無壁舎

| 砂れき地 | 湿 地 | 防 波 堤 | 人 工 斜 面 | 芝 地 | 構 囲 等 | 建 物 記 号 |
|---|---|---|---|---|---|---|

構 囲 等
へ い
かき，さく
土 囲

建 物 記 号
病 院　　　官 公 署
消 防 署　　裁 判 所
工 場　　　税 務 署
変 電 所　　森林管理署
老人ホーム

| 土 が け | 竹 林 | 荒 地 | 水 部 | 道 路 | 河 川 工 作 物 | 小 物 体 | 場 地 |
|---|---|---|---|---|---|---|---|

水 部
水がい線
一条河川
かれ川

道 路
道路縁
横断歩道橋
軽車道
徒歩道
道路橋

河 川 工 作 物
不透過水制
透過水制
せ き
ダ ム

小 物 体
水位観測所
灯 台
風 車
高塔　送電線

場 地
噴 火 口
噴 気 口
温泉，鉱泉
古 墳

| 凹 地 | 岩 が け | 露 岩 | | 鉄 道 | |
|---|---|---|---|---|---|

凹 地
（大）
（小）

鉄 道
普 通 鉄 道
鉄 道 橋
特 種 鉄 道
鉄道のトンネル

| 図番号 | 図 31 |
|---|---|
| 図 名 | 地 図 記 号 |
| 尺 度 | |
| 検印 | 令和　年　月　日 |
| | 科　年　組 |

# 材料・境界と等高線の図示 教 p.34, p.86

（　　年　　月　　日）　年　　組　　番　名前　　　　　　　　検印

〔鋼〕　〔コンクリート〕　〔石　材〕　〔木　材〕

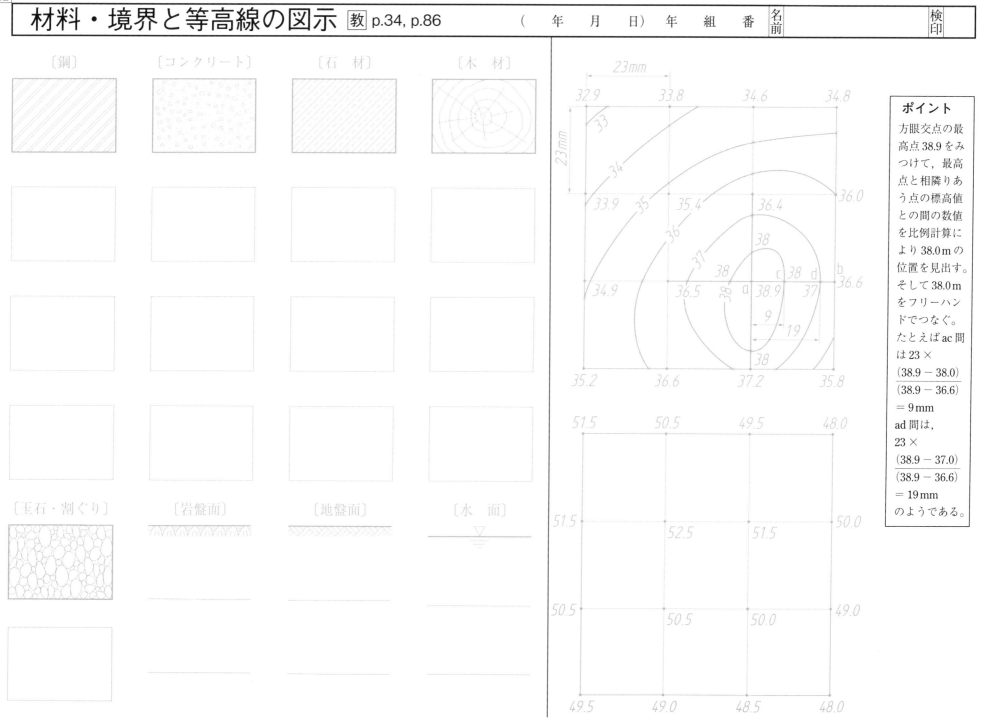

〔玉石・割ぐり〕　〔岩盤面〕　〔地盤面〕　〔水　面〕

**ポイント**

方眼交点の最高点38.9をみつけて，最高点と相隣りあう点の標高値との間の数値を比例計算により38.0mの位置を見出す。そして38.0mをフリーハンドでつなぐ。たとえばac間は23×

$$\frac{(38.9 - 38.0)}{(38.9 - 36.6)} = 9\,mm$$

ad間は，

$$23 \times \frac{(38.9 - 37.0)}{(38.9 - 36.6)} = 19\,mm$$

のようである。

# 縦 断 面 図 教 p.96

起点

1 : 500

1 : 1 000

No. 0　No. 1　No. 2　No. 3　No. 4　No. 5　No. 6　No. 7　No. 8　No. 9　No. 10

(12.50) (10.30) (8.80) (13.50) (17.20) (15.60) (13.20) (10.30) (7.30) (7.30) (10.10)

D.L.4m

| 勾配 | | | | | | | | | | | |
|---|---|---|---|---|---|---|---|---|---|---|---|
| | +1.0% L=200m | | | | | | | | | | |

| 計画高 | 11.00 | 11.20 | 11.40 | 11.60 | 11.80 | 12.00 | 12.20 | 12.40 | 12.60 | 12.80 | 13.00 |
|---|---|---|---|---|---|---|---|---|---|---|---|
| 地盤高 | 12.50 | 10.30 | 8.80 | 13.50 | 17.20 | 15.60 | 13.20 | 10.30 | 7.30 | 7.30 | 10.10 |
| 切土高 | 1.50 | | | 1.90 | 5.40 | 3.60 | 1.00 | | | | |
| 盛土高 | | 0.90 | 2.60 | | | | | 2.10 | 5.30 | 5.50 | 2.90 |
| 累加距離 | 0.00 | 20.00 | 40.00 | 60.00 | 80.00 | 100.00 | 120.00 | 140.00 | 150.00 | 180.00 | 200.00 |
| 単距離 | 0.00 | 20.00 | 20.00 | 20.00 | 20.00 | 20.00 | 20.00 | 20.00 | 20.00 | 20.00 | 20.00 |
| 測点 | No. 0 | No. 1 | No. 2 | No. 3 | No. 4 | No. 5 | No. 6 | No. 7 | No. 8 | No. 9 | No.10 |

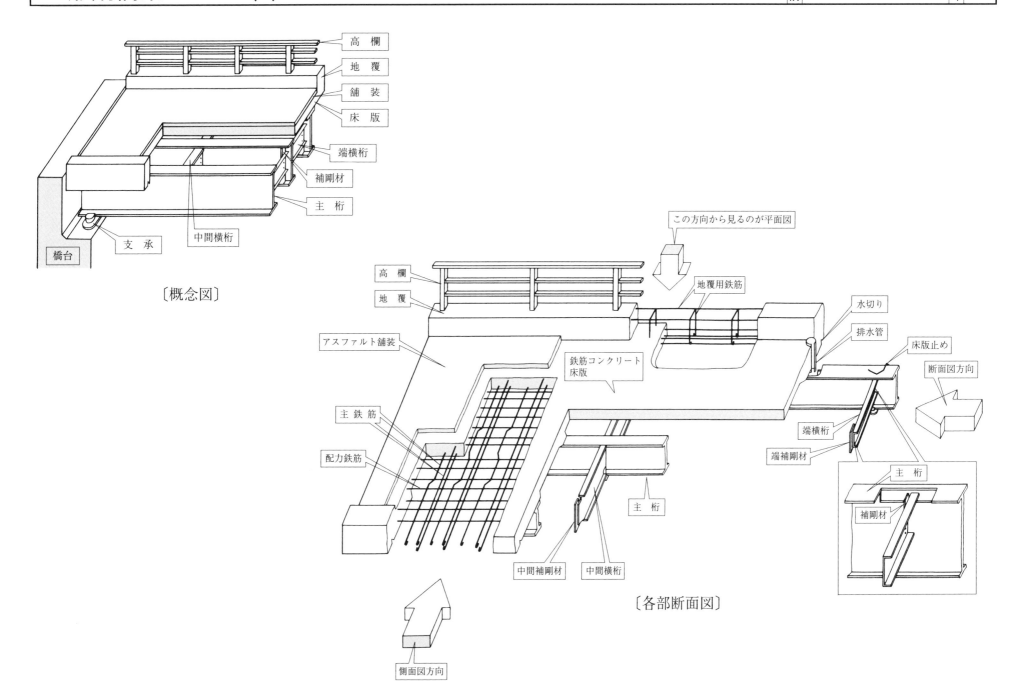

〔概念図〕

〔各部断面図〕

## 断 面 図

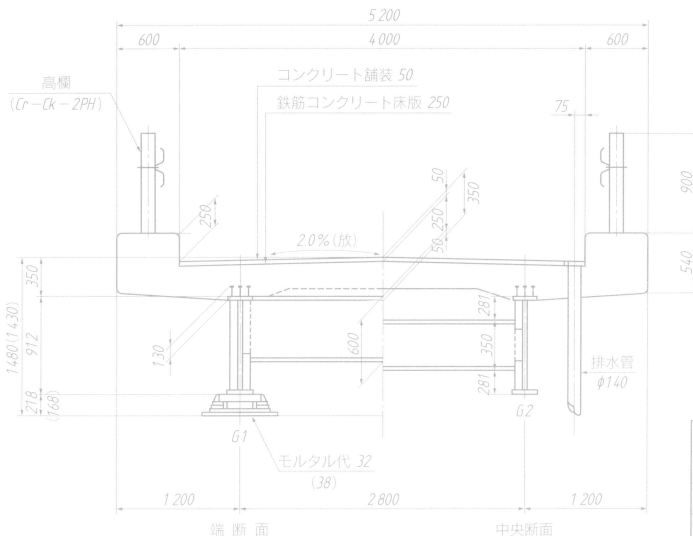

高欄
（Cr－Ck－2PH）

コンクリート舗装 50

鉄筋コンクリート床版 250

2.0％（放）

排水管
φ140

G1

G2

モルタル代 32
（38）

端断面　　　　　　　　　　　中央断面

5 200

600　　　　　　　4 000　　　　　　600

75

900

540

250

350

50

350

50 250

1 480（1 430）

350

912

1 30

281

600

350

281

218
（168）

1 200　　　　　　2 800　　　　　　1 200

| 図番号 | 図 35 |
| --- | --- |
| 図　名 | H形鋼橋梁断面図 |
| 尺　度 |  |
| 検　印 | 令和　年　月　日 |
|  | 科　年　組 |
|  |  |

※（　）内数値は Fix 側を示す。

# H形鋼橋梁 （概念図）(3) 教 p.123

## 側　面　図

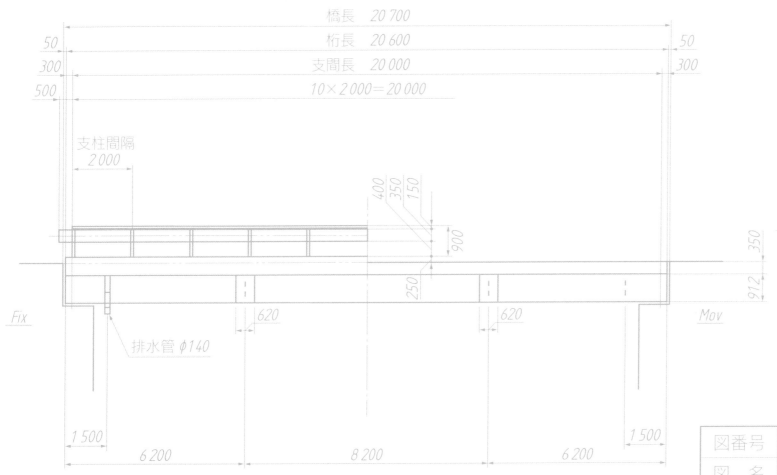

橋長　20 700
桁長　20 600
支間長　20 000
10×2 000＝20 000

支柱間隔
2 000

50　　　　　　　　　　　　　　　50
300　　　　　　　　　　　　　300
500

400
350
150
900
350
250
912

Fix　　　　　　　　　　　　　　　Mov

排水管 φ140

620　　　　　　　620

1 500　　　　　　　　　　　　　　　　1 500
6 200　　　　　8 200　　　　6 200

| 図番号 | 図 36 |
|---|---|
| 図　名 | H形鋼橋梁断面図 |
| 尺　度 | |
| 検　印 | 令和　年　月　日 |
| | 科　年　組 |

# 逆Ｔ形擁壁 （断面図と側面図）（1）教 p.138　　（　　年　　月　　日）　年　　組　　番　名前　　　　検印

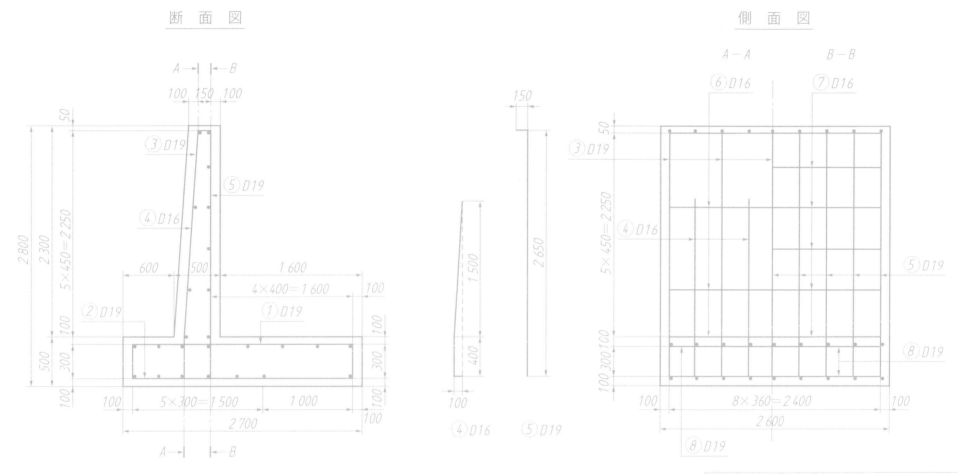

断 面 図　　　　　　　　　　　　　　側 面 図

| 図番号 | 図 37 |
|---|---|
| 図　名 | 逆 Ｔ 形 擁 壁 |
| 尺　度 | |
| 検　印 | 令和　年　月　日 |
| | 科　年　組 |
| | |

# Ｔ 桁 橋 (概念図)(1) 教 p.138

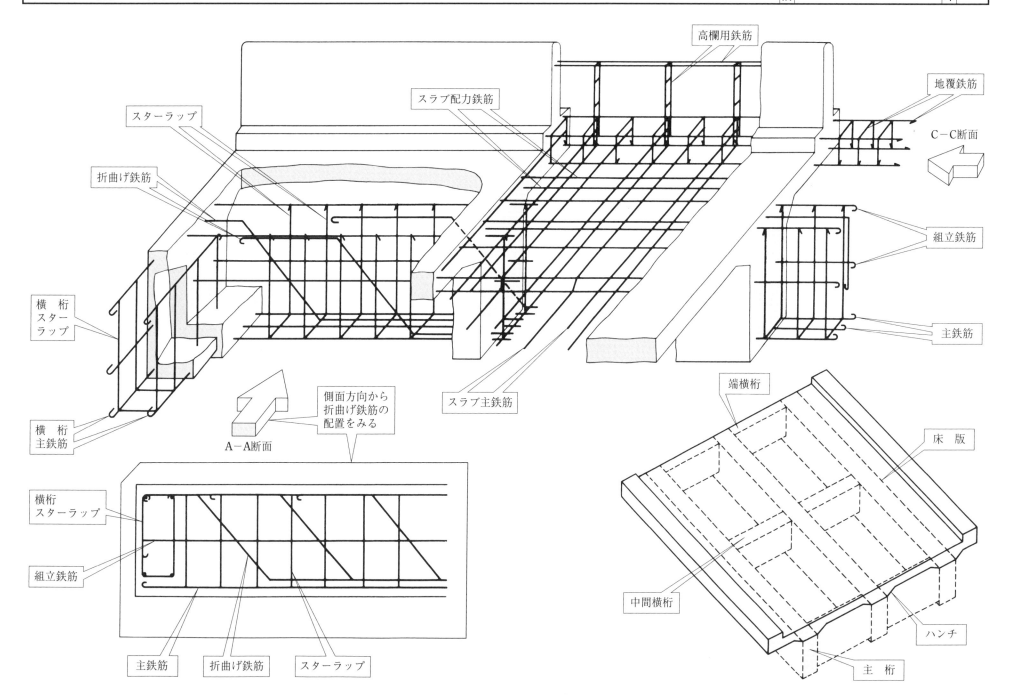

高欄用鉄筋

スラブ配力鉄筋

地覆鉄筋

Ｃ－Ｃ断面

スターラップ

折曲げ鉄筋

組立鉄筋

主鉄筋

横桁スターラップ

横桁主鉄筋

スラブ主鉄筋

側面方向から折曲げ鉄筋の配置をみる

Ａ－Ａ断面

横桁スターラップ

組立鉄筋

主鉄筋

折曲げ鉄筋

スターラップ

端横桁

床版

中間横桁

ハンチ

主桁

Ｔ 桁 橋（側面図）（2） 教 p.138　　　　　（　年　月　日）年　組　番 名前　　　　検印

## 側 面 図

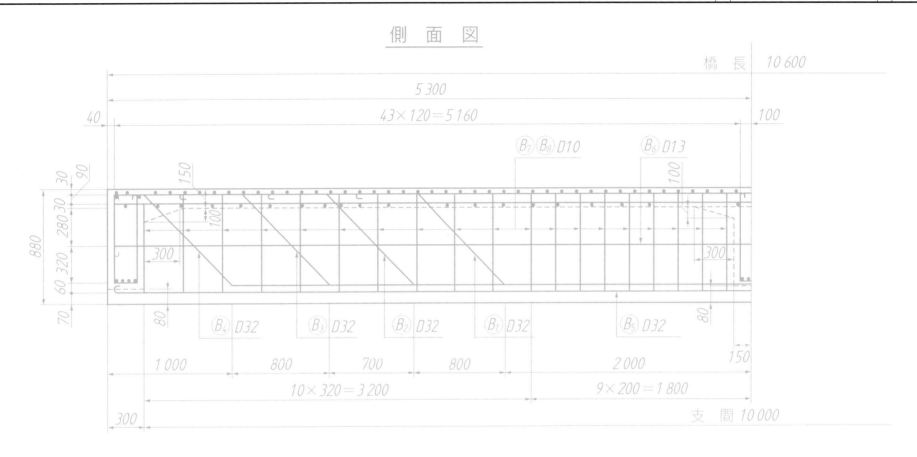

図番号 | 図 39
--- | ---
図 名 | Ｔ桁橋側面図
尺 度 | 
検 印 | 令和　年　月　日
 | 科　年　組

**土木製図ワークノート**

表紙デザイン
キトミズデザイン

● 編　者——実教出版編修部

● 発行者——小田　良次

● 印刷所——株式会社 広済堂ネクスト

● 発行所——実教出版株式会社

〒102-8377
東京都千代田区五番町5
電話〈営業〉(03) 3238-7777
　　〈編修〉(03) 3238-7854
　　〈総務〉(03) 3238-7700
https://www.jikkyo.co.jp/

002302022

ISBN 978-4-407-36073-8